MINISTÈRE DE L'AGRICULTURE

DIRECTION GÉNÉRALE DES EAUX ET FORÊTS

LA GUERRE ET LES FORÊTS FRANÇAISES

PROGRAMME FORESTIER

PARIS

IMPRIMERIE NATIONALE

1920

LA GUERRE ET LES FORÊTS FRANÇAISES.

PROGRAMME FORESTIER.

I. Production et consommation de bois en France avant la guerre.

II. Dommages causés par la guerre aux forêts françaises :
1. Forêts de la zone des combats et des régions envahies.
2. Forêts de la zone de l'arrière du front.

III. Exploitations faites pendant la guerre dans les forêts des zones de l'arrière du front et de l'intérieur :
1. Organisation des services.
2. Importance des exploitations effectuées.

IV. Ressources forestières existantes à l'armistice.

V. Évaluation de la production de nos forêts dans l'état où les a laissées la guerre :
1. Bois d'œuvre.
2. Bois de chauffage.
3. Forêts de l'Alsace et de la Lorraine.

VI. Programme des mesures à prendre pour développer nos ressources forestières. — Besoins d'après-guerre. — Mesures à prendre pour en assurer la satisfaction :
a. Bois d'œuvre :
1. Mesures dont l'effet se fera sentir dans un court délai.
2. Mesures dont l'effet pourra se faire sentir dans un délai relativement rapproché.
3. Mesures dont l'effet ne se fera sentir qu'à longue échéance.
b. Bois de feu.

I. PRODUCTION ET CONSOMMATION DE BOIS EN FRANCE AVANT LA GUERRE.

La contenance des forêts françaises en 1914 était de 9,886,700 hectares dans laquelle entraient :

Les bois domaniaux pour . . . . 1,199,439 hect.
Les bois communaux et d'établissements publics soumis au régime forestier pour. 1,948,631
Les bois particuliers ou autres non soumis au régime forestier pour. 6,738,630

1

Suivant le mode de traitement, les forêts se répartissent en :

Futaie.......................................	3,195,282 hect.	
Taillis en conversion.........................	155,440	
Taillis simple, sarté ou fureté	2,334,657	9,886,700 hect.
Taillis sous futaie............................	3,696,629	
Surfaces improductives........................	504,692	

Elles produisaient annuellement en moyenne :

Bois d'œuvre..................................	6,712,156^{me}	
Bois de feu...................................	16,791,555	23,503,711^{me}

La production par nature de propriétaire s'établissait comme il suit :

	BOIS D'ŒUVRE.	BOIS DE FEU.	
Forêts domaniales............................	1,010,609^{me}	1,787,991^{me}	2,798,600^{me}
Forêts communales ou d'établissements publics.	1,242,713	3,396,319	4,639,032
Forêts particulières...........................	4,458,834	11,607,245	16,066,079
TOTAL...............	6,712,156	16,791,555	23,503,711

Les bois d'œuvre se divisent en *bois de service* et *bois d'industrie*.

Les bois de service comprennent : les bois de construction proprement dits, les traverses de chemins de fer, les poteaux télégraphiques, les étais de mines, les bois de pavage.

Les bois d'industrie comprennent : les bois de fente (merrains et échalas), de charronnage, de sabotage, les bois pour la menuiserie et l'ébénisterie, pour la fabrication des parquets, des caisses, des allumettes et de la pâte à papier.

Les bois de feu se classent en bois de corde comprenant les bois à brûler (quartier et rondin) et les bois à charbon, et en fagots et bourrées.

A la production ligneuse des forêts proprement dites s'ajoute celle des arbres de haie, de bordure de routes et de canaux et les exploitations de peupliers dans les vallées. A défaut d'une statistique précise, qu'il serait très difficile d'établir avec quelque certitude, la production des arbres isolés et des plantations de peupliers était évaluée à 1,200,000 mètres cubes de bois d'œuvre et 600,000 mètres cubes de bois de feu, ce qui donne pour la production ligneuse totale en France :

Bois d'œuvre	7,912,000^{me}
Bois de feu..	17,392,000
TOTAL......................................	25,304,000

Ainsi qu'il est aisé de le reconnaître à la comparaison de nos importations et de nos exportations, cette production ne suffisait pas à la satisfaction des besoins du pays.

En 1913, notre commerce extérieur des bois communs était représenté par les chiffres ci-après :

| | IMPORTATION. | EXPORTATION. | EXCÉDENT | |
			DES IMPORTATIONS.	DES EXPORTATIONS.
	tonnes.	tonnes.	tonnes.	tonnes.
Bois de feu........	23,653	92,595	//	69,542
Bois d'œuvre.......	2,009,903	1,280,115	729,788	//

Nous produisons et au delà les quantités de bois de feu qui nous sont nécessaires, puisque nous en exportons plus que nous n'en importons. Pour les bois d'œuvre, au contraire, nous sommes largement importateurs.

Les diverses catégories de bois d'œuvre entrent pour des proportions très différentes dans l'excédent des importations. La valeur moyenne de la tonne importée était en effet, avant la guerre, de 103 fr. 30, tandis que celle de la tonne exportée était seulement de 52 fr. 90.

Pour saisir exactement quelles sont les lacunes de notre production, on ne peut se dispenser de procéder en détail, pour chaque catégorie de marchandises, à l'examen comparatif des importations et des exportations dont elles font l'objet. Mais cette comparaison nécessite la substitution au poids, que donnent les statistiques des douanes, du volume correspondant des bois sur pied ; elle est d'ailleurs facile quand on connaît le poids spécifique de chaque espèce de marchandises et les déchets de fabrications de celles qui sont importées ou exportées débitées. C'est en effet le seul moyen de se rendre compte de l'importance du déficit de notre production, qui s'évalue en mètres cubes du volume réel des bois sur pied.

Le tableau ci-annexé, dans lequel figurent toutes les marchandises que les documents statistiques des douanes classent dans la catégorie des *bois communs*, indique outre les poids en tonnes qu'ont atteint en 1913 les importations et les exportations de chacune d'elles, le volume qu'elles représentent sous leur forme commerciale et le cube sur pied de la matière ligneuse nécessaire à leur fabrication.

Des chiffres de ce tableau, il ressort que l'excédent de nos importations est constitué principalement par les merrains de chêne, les bois sciés d'essences diverses (chêne, bois du Nord destinés à la menuiserie, bois de caisserie, etc.) et les bois résineux en rondins pour la fabrication de la pâte de cellulose. Ces trois catégories de marchandises ont représenté en 1913, en poids, plus des trois quarts, en volume, plus des quatre cinquièmes de nos importations de bois communs. Par contre, au cours de la même année, nous avons exporté certaines catégories de bois d'œuvre en plus grande quantité que nous ne les avons importées : ce sont les perches et étançons d'essences diverses, les bois ronds bruts, les traverses de chemins de fer.

En résumé, nous avons importé des bois sciés provenant d'arbres de fortes dimensions, et exporté des bois bruts ou des traverses fournis par des arbres de faible dimension. C'est à ce fait, et non à la qualité de nos bois indigènes, qu'est due la différence de valeur entre la tonne de bois importée et la tonne de bois exportée.

Nos importations en bois d'œuvre, 2,009,903 tonnes, représentent en volume sur pied 4,806,425 mètres cubes.

Nos exportations, 1,280,115 tonnes, correspondent à 2,190,294 mètres cubes sur pied ; le déficit de notre production en bois d'œuvre avant la guerre était, par suite, de 2,616,131 mètres cubes sur pied. Mais ces quantités se réfèrent exclusivement aux marchandises comprises sous la rubrique *Bois communs*.

Pour avoir le déficit réel de notre production en bois d'œuvre, il faut ajouter le cube en forêt des bois qui ont servi à la fabrication des pâtes de cellulose, dans la mesure où les importations de ces marchandises dépassent les exportations.

En 1913 notre commerce extérieur de pâtes de cellulose a été le suivant :

	PÂTES MÉCANIQUES.	PÂTES CHIMIQUES.
	tonnes.	tonnes.
Importations	259,449	205,499
Exportations	59	595
Excédent des importations	259,390	204,904

soit au total : 464,294 tonnes de pâtes, dont la fabrication a nécessité l'emploi de 1,487,106 mètres cubes sur pied.

Notre production en bois d'œuvre de 8 millions de mètres cubes était donc en réalité déficitaire pour 4 millions de mètres cubes en chiffres ronds (2,616,131 pour les bois communs et 1,487,106 pour les bois employés à la fabrication des pâtes de cellulose) et ne fournissait que les deux tiers de notre consommation qui exigeait 12 millions de mètres cubes.

II. DOMMAGES CAUSÉS PAR LA GUERRE AUX FORÊTS FRANÇAISES.

Les forêts françaises ont été fortement éprouvées par la guerre, qui a causé la ruine de nombre d'entre elles et a, en outre, entraîné une consommation énorme de bois pour les besoins de la défense nationale.

1. FORÊTS DE LA ZONE DES COMBATS ET DES RÉGIONS ENVAHIES.

La zone des combats et celle des régions envahies comprennent :

1° La zone occupée par les Allemands en 1915, augmentée d'une bande de 20 kilomètres de largeur ;

2° La zone complémentaire de 1918, c'est-à-dire les territoires compris entre la limite de la zone précédente et une ligne située à 20 kilomètres au delà de l'avance allemande de 1918.

Dans la zone des combats, les forêts ont énormément souffert ; beaucoup même ont presque complètement disparu ; sur bien des points de cette zone, des parcelles entières ont été totalement rasées par le feu de l'artillerie, le sol est creusé de larges entonnoirs et les rares arbres demeurés debout, atteints par les projectiles, sont impropres à toute utilisation, sauf au chauffage et parfois à la fente ; sur le surplus, il a été effectué pour les besoins urgents des troupes en bois de chauffage ou de tranchées et pour la construction et l'aménagement des ouvrages de défense, des exploitations particulièrement intensives et forcément pratiquées sans méthode au point de vue forestier; même lorsque la végétation forestière n'est pas complètement détruite, on ne peut songer avant de longues années à retirer de ces forêts des produits ligneux de quelque valeur.

Dans la région occupée par l'ennemi en arrière du front, des exploitations importantes ont été pratiquées sans mesure et sans ordre, soit pour les besoins de l'armée allemande, soit dans un but de désorganisation économique de la France. De là des coupes rases sur de grandes étendues, des abatis, des exploitations d'arbres de futaie propres au sciage ou à l'industrie.

Les forêts de cette partie du territoire se répartissent comme il suit :

DÉPARTEMENTS.	FORÊTS			TOTAL.
	DOMANIALES.	COMMUNALES.	PARTICULIÈRES	
	hect	hect.	hect.	hect.
Aisne...............................	26,982	4,168	72,500	103,650
Ardennes...........................	22,392	37,675	79,715	139,782
Marne..............................	2,696	5,479	57,735	65,910
Meurthe-et-Moselle.................	22,847	37,650	28,703	89,200
Meuse..............................	14,988	66,000	33,000	113,988
Nord...............................	19,279	1,760	15,500	36,539
Oise...............................	22,479	433	14,688	37,600
Pas-de-Calais......................	"	22	4,748	4,770
Somme..............................	"	192	14,555	14,747
Vosges.............................	21,671	15,200	7,998	44,869
Belfort (territoire de)............	"	1,500	300	1,800
Totaux.................	153,334	170,079	329,442	652,855

La contenance totale de ces forêts est de 650,000 hectares en chiffres ronds; elle ne comprend d'ailleurs pas la superficie des forêts situées entre les limites de la zone complémentaire de 1918 et les limites de l'avance allemande en 1914.

De la reconnaissance générale et approximative, qui a été faite de ces forêts, il résulte qu'on peut estimer à 200,000 hectares la surface du terrain dont la capacité productive de bois a été détruite sur de grands emplacements, ou par places éparses dans les peuplements subsistants, savoir :

100,000 hectares où le sol devra être l'objet de travaux de remise en état et de reboisement ;

100,000 hectares à reboiser ou à recéper.

D'autre part, on peut évaluer à 150,000 hectares la surface sur laquelle ont été effectuées soit des exploitations abusives, prématurées ou vicieuses, soit des réalisations intensives de réserves.

Ces 35o,ooo hectares ne produiront pas de bois d'œuvre avant soixante ans. La majeure partie de ces forêts étant peuplée d'essences feuillues, c'est sur les bois d'œuvre de ces essences que portera principalement le déficit. En outre, toutes les plantations de peupliers, les arbres de routes et de canaux peuvent être considérés comme détruits. La diminution de production annuelle de ces régions sera d'environ 1,000,000 mètres cubes, soit 3,95 o/o de la production française totale d'avant-guerre: 4oo,ooo mètres cubes pour les bois d'œuvre, 6oo,ooo mètres cubes pour les bois de feu.

2. FORÊTS DE LA ZONE DE L'ARRIÈRE DU FRONT.

Dans la zone de l'arrière du front, s'étendant de 20 kilomètres du front à la limite de la zone des étapes et de la zone de l'intérieur, les exploitations pratiquées pour les besoins de l'armée et de la défense ont été intensives. Les prélèvements opérés sur le matériel ligneux que renfermait la zone de l'arrière du front ont porté principalement sur les bois moyens et respecté les jeunes bois; l'avenir des forêts n'est pas compromis.

III. — EXPLOITATIONS FAITES PENDANT LA GUERRE

DANS LES FORÊTS DES ZONES DE L'ARRIÈRE DU FRONT ET DE L'INTÉRIEUR.

1. ORGANISATION DES EXPLOITATIONS.

Dans la zone de l'arrière du front, à l'origine, le travail s'effectuait morcelé, sur des points différents, dans des secteurs qui s'ignoraient les uns les autres, sans aucune centralisation, sans méthode, sans idée de longue durée. L'armée ne voulait avoir recours qu'à ses propres moyens, s'attaquant aux forêts qu'elle avait sous la main et procédant à des coupes importantes, avec le seul souci d'aller vite et de prendre, là où elle le trouvait, un matériel qu'elle se faisait l'illusion de croire inépuisable. Ces opérations avaient lieu dans la zone de guerre, c'est à-dire dans des régions qui échappaient à la vigilance de l'administration. Elles s'exerçaient d'ailleurs le plus souvent dans des bois qui n'étaient pas soumis au régime forestier et cela par les soins exclusifs de l'Intendance et du Service du génie.

Cependant M. Fernand David, alors Ministre de l'Agriculture, s'émut. Les exploitations, menées par des moyens de fortune, se faisaient sans techniciens. La Direction générale des Eaux et Forêts se rendit compte du danger et prit l'initiative, après entente avec l'autorité militaire (Direction de l'arrière), de la création des services forestiers d'armée (S. F. A.) formés exclusivement de forestiers mobilisés et chargés du choix et de la direction de toutes les exploitations forestières de la zone des armées. Au début il y eut un service forestier par armée et depuis 1917 ces services furent constitués par groupe d'armées. Le S. F. A. déléguait dans chaque corps d'armée un officier, généralement chef de bataillon, chargé de diriger les exploitations dans la zone de l'avant.

Aucun corps de troupe, aucun service ne devait enlever de bois en forêt sans qu'il lui ait été délivré par l'Administration forestière militaire. En ce qui concerne les forêts soumises au régime forestier, le plan des exploitations était établi par le chef du service forestier d'armée, après entente avec le Conservateur local des Eaux et Forêts, le martelage étant effectué par les agents forestiers. L'action du Service forestier d'armée s'étendait aussi aux bois particuliers. Il passait des contrats avec les propriétaires en vue d'acquérir les coupes qu'il se proposait d'exploiter. L'acquisition amiable était la règle, la réquisition n'étant exercée que lorsque toute entente était reconnue impossible ou lorsqu'il s'agissait d'exploitations imprévues ou urgentes; dans ce cas la réquisition était transformée en marché amiable dès que l'accord avait pu se faire avec les propriétaires.

Cette organisation conciliant les nécessités militaires avec la conservation des forêts a donné des résultats très satisfaisants.

Les exploitations de la zone des armées, extrêmement intéressantes parce qu'elles permettaient, d'une part, d'utiliser la main-d'œuvre militaire là où elle était la plus abondante et, d'autre part, de diminuer les transports, ne pouvaient pas suffire à tous les besoins; les exploitations militaires durent être continuées et développées simultanément sur toute l'étendue de la zone de l'intérieur. Ces exploitations présentèrent les mêmes inconvénients que celles du début dans la zone des armées.

Jusqu'en 1917, chaque service de l'armée s'approvisionnait directement des bois qui concernaient sa spécialité, sans souci de coordonner les efforts, à tel point qu'une concurrence s'établissait entre les différentes parties prenantes.

La Direction du Génie du Ministère de la Guerre s'occupait des bois tendres. Elle fut amenée à diviser la France en huit circonscriptions dites « Centres de bois » dépendant d'un organisme chargé de la centralisation et de la réalisation des ressources de deux ou trois régions. Les centres de bois furent rattachés à certaines chefferies du génie et dirigés par un officier supérieur du génie.

D'autre part, l'armement et l'artillerie étaient chargés de la recherche des bois durs; l'École des chemins de fer, de celle des traverses de chemins de fer; l'Intendance s'occupait des bois de chauffage; l'Aviation, des bois spéciaux à son usage.

La Direction générale des Eaux et Forêts s'efforça de remédier à cette situation chaotique, qui résultait des attributions données à chaque service de l'armée. D'abord, des officiers forestiers furent introduits en nombre important dans les divers services s'occupant de la fourniture des bois aux armées.

Les diverses exploitations de l'armée se firent ainsi dans de meilleures conditions, mais il manquait encore l'unité indispensable pour assurer l'exploitation rationnelle des coupes et la meilleure utilisation du bois. Ce fut l'œuvre du Ministre de l'Agriculture, M. Fernand David, qui, sur la proposition du Directeur général des Eaux et Forêts, prit l'initiative de la création du Comité général des Forêts (décret du 4 mai 1917). Ce Comité groupait des représentants du commerce des bois et des syndicats de propriétaires forestiers; il était chargé de la centralisation et de l'examen de toutes les questions d'ordre général se rapportant à la réalisation et à l'utilisation des ressources forestières. Il fut peu après transformé en Comité général des bois par décret du 3 juillet 1917, contresigné par les divers ministres intéressés. Établi sur des bases plus larges, celui-ci avait des attributions plus étendues de coordination et de contrôle.

Le Comité général des bois, qui fonctionnait sous la présidence du Ministre de l'Agriculture ou de son délégué, le Directeur général des Eaux et Forêts, avait pour rôle de déterminer, centraliser, coordonner, contrôler les besoins des services de l'État (guerre et autres), les moyens de satisfaire à ces besoins au mieux de l'intérêt national, l'utilisation rationnelle des ressources forestières du pays, les ordres d'urgence des achats, transports et fabrications, les importations et constitutions de stocks.

En même temps que commençait à fonctionner le Comité général des bois, la nécessité se fit sentir du groupement dans une même main de tous les organes (artillerie, aviation, intendance, génie) qui fournissaient des bois aux armées. Cette unification fut réalisée par l'institution de l'inspection générale des bois (I.G.B.) créée au Ministère de l'Armement.

L'Administration des Eaux et Forêts s'attacha à subordonner cette organisation au Comité général des bois, dont elle avait la direction, et, d'autre part, à placer des officiers des Eaux et Forêts dans tous ses services.

L'I.G.B. devait centraliser toutes les exploitations faites dans la zone de l'intérieur, pour les besoins des armées françaises et alliées; elle avait la charge de toutes les fournitures de bois destinés aux services de la défense nationale.

Les services régionaux de l'I.G.B., constitués par les centres de bois, devenaient autonomes et, dirigés par des officiers forestiers mobilisés, ils avaient dans leurs attributions tous les services de leur circonscription relatifs au bois.

Les forêts domaniales et communales n'eurent pas à souffrir de cet état de choses.

C'est dans l'exploitation des forêts particulières que des tâtonnements se produisirent. Le personnel forestier attaché au service central de l'I.G.B. ne fut pas investi de toutes les attributions qui lui revenaient logiquement, et ne put intervenir utilement dans ces exploitations. La recherche des coupes dans les forêts particulières fut effectuée le plus souvent par des officiers des services britannique et américain qui n'avaient naturellement en vue que de pourvoir dans les meilleures conditions à l'approvisionnement de leurs exploitations et ne pouvaient apporter dans leurs investigations, comme l'auraient fait nos forestiers, le souci des considérations culturales ou économiques. La réquisition frappa lourdement dans certaines régions tandis que d'autres étaient laissées de côté.

De vives protestations ne tardèrent pas à se produire et le Ministre de l'Agriculture provoqua une réorganisation de l'I.G.B. consacrée par arrêté du Ministre de l'Armement du 4 juillet 1918. Elle donnait à l'élément forestier une prépondérance complète dans les services administratifs et techniques et stipulait notamment que les questions de recherche et de délivrance de coupes seraient traitées par une section spéciale des services techniques uniquement composée d'officiers forestiers.

Les exploitations furent alors effectuées du consentement des propriétaires, très exceptionnellement à la suite de réquisition après autorisation spéciale de la Section permanente du Comité général des bois. Les coupes étaient marquées soit par les propriétaires ou leurs régisseurs, soit par le Service des expertises de l'Inspection générale du Service des bois, soit par des agents forestiers du Service ordinaire, agissant pour le compte des Centres de bois.

2. IMPORTANCE DES EXPLOITATIONS EFFECTUÉES.

Forêts soumises au régime forestier. — Des exploitations importantes ont été effectuées dans les forêts domaniales, où l'Administration des Eaux et Forêts s'est efforcée de faire face aux besoins en bois des armées françaises et alliées et de la population civile :

1° Par la délivrance, au Service du génie, de coupes très importantes en vue d'alimenter les centres d'approvisionnement créés par ce service;

2° Par des délivrances analogues au Service des chemins de fer pour l'approvisionnement de l'armée en traverses, et au Service de l'artillerie pour les fabrications de guerre;

3° A partir de 1917, par des délivrances de même nature faites à l'Inspection générale des bois;

4° Par la délivrance à prix d'argent de coupes de bois de chauffage à des communes ne possédant pas de forêts et à des collectivités qui éprouvaient des difficultés pour se procurer du bois dans le commerce;

5° Par des exploitations en régie, effectuées à l'aide de prisonniers de guerre, en vue soit d'assurer le ravitaillement en bois de chauffage et de boulange des stations-magasins de l'armée et d'un certain nombre de villes où le commerce ne pouvait suffire aux besoins, soit de fournir des bois de mines à des houillères dont les stocks d'étais menaçaient de s'épuiser.

Dans les forêts communales, outre les coupes normales, il a été assis des coupes extraordinaires soit pour les besoins des communes propriétaires, soit pour des délivrances à l'Inspection générale du Service des bois. Toutes ces coupes ont été marquées par le Service forestier.

L'Administration des Eaux et Forêts a établi le relevé des exploitations faites, de 1914 à 1918 inclus, dans les forêts soumises au régime forestier situées en arrière du front : exploitations normales ou anormales autorisées par les conservateurs (non compris ni les exploitations faites par l'ennemi dans les régions occupées par lui, ni les destructions de forêts dans la zone des combats).

	1914 [1].	1915 [1].	1916 [1].	1917 [1].	1918 [1].	TOTAUX.	
FORÊTS DOMANIALES.							
Coupes vendues en bloc sur pied ou par unité de produits après façonnage, soit par adjudication, soit à l'amiable.	380	1,596	1,517	1,465	1,210	6,168	//
Coupes cédées aux communes et aux collectivités................	//	7	100	110	118	335	//
Coupes cédées sur pied ou après façonnage aux armées françaises et alliées.	36	499	2,066	2,928	3,439	8,968	//
Totaux..............	416	2,102	3,683	4,503	4,767	15,471	15,471
FORÊTS COMMUNALES.							
Coupes vendues ou délivrées.........	2,614	4,151	4,253	4,340	3,585	18,943	//
Coupes cédées aux armées françaises et alliées...............	20	55	283	414	1,037	1,809	//
Totaux..............	2,634	4,206	4,536	4,754	4,622	20,752	20,752
Total général....................................							36,223

(1) En milliers de mètres cubes.

La possibilité (volume exploitable annuellement) des forêts soumises au régime forestier est en chiffres ronds :

Pour les forêts domaniales..	2,798,000^{mc}
Pour les forêts communales...	4,639,000
Total...............................	7,437,000

La contenance des forêts de la zone des combats et de la région occupée par les Allemands est sensiblement, pour les forêts domaniales 12,51 p. 100 et pour les forêts communales 7,5 p. 100 de la contenance de ces forêts pour l'ensemble de la France. On peut admettre que la possibilité des forêts des zones de l'arrière du front et de l'intérieur est :

Pour les forêts domaniales.....................................	2,450,000^{mc}
Pour les forêts communales.....................................	4,300,000
Total...............................	6,750,000

De 1914 à 1918 inclus, on pouvait exploiter normalement dans

Les forêts domaniales : 5 × 2,450,000........................	=	12,250,000^{mc}
Les forêts communales : 5 × 4,300,000........................	=	21,500,000
Total...............................		33,750,000
Il a été exploité...		36,223,000
Différence...............................		2,473,000

soit en chiffres ronds : 2,500,000 mètres cubes de plus que la possibilité. Cette anticipation porte exclusivement sur les forêts domaniales, dont les exploitations ont été avancées d'un an en moyenne.

D'ailleurs, les exploitations ont été très irrégulièrement réparties sur l'ensemble des forêts : d'une part, elles ont été plus intensives dans les forêts résineuses que dans les forêts feuillues; d'autre part, les forêts les mieux situées, celles d'accès facile, ont fourni des quantités importantes de bois, tandis que, dans d'autres, la production n'a pu être réalisée. Les exploitations devront nécessairement être réduites, sinon suspendues, dans les régions les plus productives d'avant-guerre. Cette situation ne sera pas sans troubler profondément non seulement le commerce et l'industrie de ces régions, mais la vie économique des populations rurales qui trouvaient en forêt, pendant l'hiver, un travail assuré et rémunérateur.

Dans la production annuelle des forêts soumises au régime forestier, qui était de 7,437,000 mètres cubes, les bois d'œuvre figuraient pour 2,253,000 mètres cubes, soit 30 p. 100, et les bois de feu pour 5,184,000 mètres cubes, soit 70 p. 100. Cette proportion a-t-elle été modifiée par les exploitations de guerre? La question a une importance capitale, car au point de vue économique il n'est pas indifférent de produire du bois de feu ou du bois d'œuvre.

Les forêts domaniales produisaient 1,010,000 mètres cubes, soit 36 p. 100 de bois d'œuvre et 1,788,000 mètres cubes ou 64 p. 100 de bois de feu; les forêts communales 1,243,000 mètres cubes ou 27 p. 100 de bois d'œuvre et 3,396,000 mètres cubes ou 73 p. 100 de bois de feu.

Pour les coupes domaniales vendues et pour les coupes communales vendues ou déli=
vrées, la proportion des deux catégories de produits n'a pas été modifiée; d'autre part, on
peut admettre que les coupes cédées aux communes ou aux collectivités comprenaient
exclusivement des bois de chauffage; mais pour les coupes cédées aux armées une dis-
crimination est nécessaire.

Dans les forêts communales, les cessions (1,809,000 mètres cubes) ont porté presque
exclusivement sur les résineux; comme ces essences donnent en moyenne 67 p. 100 de
bois d'œuvre et 33 p. 100 de bois de feu, on peut admettre qu'il a été exploité dans les
forêts communales 1,200,000 mètres cubes de bois d'œuvre et 600,000 mètres cubes de
bois de feu.

Dans les forêts domaniales, en raison des exploitations de chêne et de hêtre pour les
traverses de chemins de fer et de coupes de taillis pour l'approvisionnement des stations-
magasins, les feuillus entrent pour une forte proportion; comme ils donnent en moyenne
70 p. 100 de bois de feu et 30 p. 100 de bois d'œuvre, on peut évaluer que, dans l'ensemble,
les bois de feu entrent pour près de la moitié dans la cession aux armées de 8,968,000 mètres cubes soit pour 4,000,000 mètres cubes et les bois d'œuvre pour 4,968,000.

D'après ces bases d'évaluation, les exploitations effectuées pendant la guerre dans le
forêts soumises au régime forestier auraient donné :

	BOIS D'ŒUVRE.	BOIS DE FEU.
Coupes domaniales :		
Vendues........................	2,220,000 ⎫	3,948,000 ⎫
Cédées à des collectivités............	7,188,000^{mc}	335,000 8,283,000^{mc}
Cédées aux armées............	4,968,000 ⎭	4,000,000 ⎭
Coupes communales :		
Vendues ou délivrées........	5,115,000 ⎫	13,828,000 ⎫
Cédées aux armées........	1,209,000 ⎭ 6,324,000	600,000 ⎭ 14,428,000
Total................	13,512,000	22,711,000

La production annuelle moyenne des forêts soumises au régime forestier dans les zones
de l'arrière du front et de l'intérieur est :

	BOIS D'ŒUVRE.	BOIS DE FEU.
Forêts domaniales...................	850,000^{mc}	1,600,000^{mc}
Forêts communales..............	1,150,600	3,150,000
Total..............	2,000,000	4,750,000

De 1914 à 1918 inclus, on pouvait exploiter normalement :

	BOIS D'ŒUVRE.	BOIS DE FEU.
Dans les forêts domaniales............	4,250,000^{mc}	8,000,000^{mc}
Dans les forêts communales..........	5,750,000	15,750,000

On a exploité :

	BOIS D'ŒUVRE.	BOIS DE FEU.
Dans les forêts domaniales............	2,938,000^{me} en plus.	283,000^{me} en plus.
Dans les forêts communales.........	574,000 en plus.	1,322,000 en moins.

La possibilité pour les bois d'œuvre est anticipée de 3,512,000 mètres cubes, soit d'un an et demi à deux ans. Quant aux bois de feu, toute la production n'a pas été absorbée, ce qui s'explique par la pénurie de main-d'œuvre et les difficultés de transport.

Ce ne sont là que des moyennes pour l'ensemble de la France, moyennes rassurantes en somme, puisque nous n'avons anticipé les exploitations que de 3 ans environ dans les forêts domaniales et d'une demi-année dans les forêts communales. Mais, comme on l'a déjà fait observer, les exploitations ont été très inégalement réparties sur l'ensemble des forêts et le manque de bois d'œuvre se fera sentir durement dans certaines régions.

Les exploitations ont été notamment de :

466,000 mètres cubes dans la 1re conservation (région de Paris), c'est-à-dire anticipées de 10 ans.

708,000 mètres cubes dans la 2e conservation (région de Rouen), c'est-à-dire anticipées de 8 ans 1/2.

276,000 mètres cubes dans la 5e conservation (région de la Savoie), c'est-à-dire anticipées de 3 ans.

402,000 mètres cubes dans la 12e conservation (région du Doubs), c'est-à-dire anticipées de 2 ans.

280,000 mètres cubes dans la 13e conservation (région du Jura), c'est-à-dire anticipées de moins de 2 ans.

250,000 mètres cubes dans la 15e conservation (région de l'Orne et la Sarthe), c'est-à-dire inférieures à la possibilité.

313,000 mètres cubes dans la 15e conservation (région de l'Ain et de Saône-et-Loire), c'est-à-dire anticipées de 1 an 1/2.

404,000 mètres cubes dans la 19e conservation (région d'Orléans, Tours, Nantes), c'est-à-dire anticipées de 1 an.

Forêts particulières. — En ce qui concerne les forêts particulières, l'Administration n'a pas le moyen de connaître les exploitations qui y sont effectuées; les propriétaires ne sont pas tenus, en effet, de faire connaître l'importance et le montant de leurs ventes. Quant aux exploitations qui ont eu pour but de satisfaire à des besoins militaires, seuls les services militaires qui en ont absorbé les produits pourraient donner, à cet égard, des renseignements de quelque exactitude; mais la centralisation des fournitures de bois pour les besoins militaires n'ayant été réalisée qu'en 1917, le nombre des services auxquels on devrait s'adresser pour obtenir ces renseignements serait considérable. Le personnel des Centres de bois, fort réduit depuis l'armistice et absorbé par la liquidation des stocks, n'a pu procéder à une enquête aussi longue et aussi difficile que celle qu'il eût fallu faire.

Il n'est, par suite, pas possible de donner des chiffres précis sur l'importance du matériel réalisé dans les forêts particulières.

IV. — RESSOURCES EXISTANTES À L'ARMISTICE.

Après avoir constaté l'importance du matériel exploité dans les forêts françaises pendant la guerre, il reste à nous rendre compte des ressources que pourront donner ces forêts dans les années qui vont suivre.

Un arrêté pris le 26 septembre 1918, par M. Compère-Morel, Commissaire à l'Agriculture et aux Exploitations forestières, avait prescrit le recensement des ressources forestières en bois d'œuvre utilisables pour les exploitations forestières de guerre. Ce recensement était en cours lors de l'armistice; l'Administration des Eaux et Forêts en poursuivit l'exécution afin d'avoir une idée aussi exacte que possible de la production que pourront donner nos forêts dans l'état où les a laissées la guerre. Le travail a porté sur tous les bois d'œuvre réalisables à l'automne 1918, sans compromettre l'avenir, dans les forêts situées dans la zone des armées et dans la zone de l'intérieur, appartenant à l'État, aux communes, aux établissements publics ou aux particuliers. Toutefois, on a laissé de côté les forêts isolées qui n'étaient pas susceptibles de fournir au moins *500 mètres cubes* de bois de service.

L'inventaire a été établi sur les bases suivantes :

Taillis sous futaie. — Il a porté sur toutes les réserves de plus de 0 m. 80 de tour à 1 m. 30 du sol dans toutes les coupes dont le taillis a atteint l'âge minimum au-dessous duquel il serait désavantageusement exploité en chauffage et, en outre, sur les réserves à réaliser dans les autres coupes, lorsque le propriétaire était disposé à les vendre.

Futaies régulières. — On a considéré comme réalisables les produits de toutes les coupes de régénération qu'il est culturalement possible d'asseoir dans toute l'étendue de la forêt et ceux des coupes d'éclaircies susceptibles de fournir un volume appréciable, en bois de 0 m. 80 de tour et au-dessus dans les forêts feuillues, ou en bois de 0 m. 60 et au-dessus dans les forêts résineuses.

Futaies jardinées. — L'inventaire n'a pas porté sur les forêts de montagne laissées hors des exploitations régulières, soit en raison de leur pauvreté, soit parce qu'elles constituent des zones d'abri ou de protection. On a considéré comme réalisable, au maximum, la moitié du volume « vieux bois » (arbre de 1 m. 20 de tour au moins), ou 30 p. 100 du matériel global en bois de 0 m. 60 et au-dessus.

Futaies résineuses d'origine artificielle. — On a considéré comme pouvant être exploités à blanc étoc, dans les régions d'exploitation facile, les bois pouvant donner des poteaux télégraphiques; dans celles d'exploitation difficile, les bois ayant atteint 0 m. 90 de circonférence.

L'inventaire a fourni les résultats suivants :

Bois d'œuvre d'essences feuillues	de 0,80 à 0,90 de tour....	3,000,000^{mc}	11,200,000^{mc}
	de 0.90 à 1,40 de tour....	4,500,000	
	de plus de 1,40 de tour...	3,700,000	
Bois d'œuvre résineux	de moins de 0,90 de tour..	17,000,000	38,700,000
	de plus de 0,90 de tour...	21,700,000	

V. — ÉVALUATION DE LA PRODUCTION DE NOS FORÊTS DANS L'ÉTAT OÙ LES A LAISSÉES LA GUERRE.

Le recensement prescrit avait pour objet d'évaluer l'importance du volume qu'il était possible de réaliser pour subvenir aux besoins de la guerre, sans compromettre l'avenir des forêts. Le volume du matériel recensé ne représente donc ni la production annuelle des forêts inventoriées, ni le volume de la totalité des bois commercialement exploitables, et encore moins le volume du matériel ligneux existant dans les forêts françaises ; il constitue cependant un renseignement intéressant.

En rapprochant les résultats de ce recensement du matériel normalement réalisable, d'après les aménagements ou les usages antérieurs à la guerre, et en tenant compte de la contenance des forêts et du nombre de coupes inventoriées dans chaque forêt, l'Administration des Eaux et Forêts est arrivée aux conclusions ci-après sur le rendement annuel minimum en bois qu'il est possible d'attendre de nos forêts dans l'état où les a laissées la guerre.

1. — BOIS D'ŒUVRE.

Forêts feuillues. — La possibilité annuelle en bois d'œuvre d'essences feuillues peut, d'après les données du recensement, être évaluée à 1,600,000 mètres cubes.

Avant la guerre, les forêts françaises fournissaient annuellement, en moyenne, 1,670,000 mètres cubes de bois d'œuvre de ces essences, non compris les perches de mines.

Le déficit serait de 70,000 mètres cubes.

Le recensement n'ayant pas porté sur les forêts de la zone foulée ou occupée par l'ennemi, dont la production annuelle était d'environ 130,000 mètres cubes, il s'en suit que dans les forêts des zones de l'arrière du front et de l'intérieur, la production ne sera pas diminuée, ce qui s'explique par le fait que l'Armée consommait relativement peu de bois durs et que les industries employant ces bois étaient arrêtées.

Bois de haies. — *Peupliers.* — La production ligneuse n'était pas fournie exclusivement par les forêts ; les arbres de haies, de routes, de canaux, les plantations de peupliers donnaient annuellement 600,000 mètres cubes de bois d'œuvre d'essences dures et 600,000 mètres cubes de bois d'œuvre de peuplier.

La plupart des peupliers exploitables peuvent être considérés comme réalisés et la production réduite de 90 p. 100 pour quelques années. Dans 5 ou 6 ans, les plantations qui, pendant la guerre, étaient trop jeunes pour fournir des bois utilisables, deviendront exploitables et la production redeviendra normale pour une quinzaine d'années, après lesquelles elle se trouvera de nouveau momentanément réduite jusqu'au moment où les plantations qui vont être faites deviendront à leur tour exploitables, dans 25 ou 30 ans.

Quant aux bois de haies, leur production qui était de 600,000 mètres cubes par an paraît devoir être réduite du tiers ou de la moitié pour une longue durée.

Sapinières. — 670,000 mètres cubes de sapin et d'épicéa pourront être exploités annuellement sans compromettre l'avenir des forêts.

Les pineraies naturelles pourront donner 1,600,000 mètres cubes par an.

Pineraies artificielles. — Dans les pineraies artificielles on pourra exploiter annuellement 400,000 mètres cubes de bois d'œuvre dont 100,000 de poteaux télégraphiques, la production de ces poteaux resterait, par suite, sensiblement la même qu'avant la guerre.

Les forêts françaises pourront donc fournir annuellement en bois d'œuvre résineux, perches de mines non comprises :

2,670,000 mètres cubes au lieu de 3 millions de mètres cubes.

Le déficit sera de 330,000 mètres cubes. Toutefois, il y a lieu d'observer que le recensement des ressources réalisables a porté sur des forêts de montagne d'exploitation et de vidange difficiles dont la production annuelle de 200,000 mètres cubes environ ne paraît pas pouvoir être réalisée sans délai. Une adaptation des méthodes et des procédés d'exploitation et de vidange sera nécessaire, jusque-là le déficit sera de 530,000 mètres cubes par an. Ce chiffre est un maximum puisque dans l'évaluation n'entre pas la production des forêts isolées non susceptibles de fournir au moins 500 mètres cubes de bois d'œuvre, qui n'ont pas été recensées et qui donneront un volume appréciable.

La situation peut se résumer comme il suit :

Bois durs. — Le déficit sera de 270,000 mètres cubes, dont 200,000 provenant de l'exploitation des bois de haies.

Bois tendres. — Déficit temporaire de 540,000 mètres cubes de *bois de peuplier*, appelé à se combler en 5 ou 6 ans; puis production normale pendant 15 ans de suite et nouveau déficit temporaire de moindre importance.

Déficit de 330,000 mètres cubes sur les *résineux*, 530,000 jusqu'au jour où seront organisées les exploitations des forêts de montagne.

Le déficit sera surtout sensible sur le sapin et l'épicéa dont nous ne produirons que 670,000 mètres cubes au lieu de 1,200,000. Il y aura, au contraire, augmentation de 200,000 mètres cubes sur les pins.

Perches de mines. — Le recensement n'a pas porté sur les bois de mines, l'inventaire en eût été trop long et difficile. Malgré les exploitations faites pendant la guerre, il est à présumer que nous continuerons à produire assez de bois de mines pour nos besoins et même pour l'exportation.

La situation en ce qui concerne le bois d'œuvre n'est donc pas compromise, mais elle mérite de retenir toute l'attention.

Même si — ce qui n'est heureusement pas exact — dans les forêts de la zone des combats et dans celles des régions occupées par l'ennemi, les ressources en bois d'œuvre étaient totalement taries, la diminution du rendement annuel total en bois d'œuvre y compris ceux fournis par les bois de haies et les plantations de peupliers, n'excéderait pas 1,340,000 mètres cubes, soit 15.5 p. 100 de la production d'avant guerre. Ce déficit important ne sera d'ailleurs que temporaire. Dès que les jeunes plantations de peupliers existantes deviendront exploitables, c'est-à-dire dans 5 ou 6 ans, le déficit annuel ne sera plus que de 800,000 mètres cubes, soit 10 p. 100 de la production de 1913. L'organisation des exploitations et des transports dans les forêts de montagne permettra de réduire encore le déficit annuel de 200,000 mètres cubes, c'est-à-dire de le ramener à 7.5 p. 100 de la production d'avant-guerre. Le déficit s'atténuera ensuite, d'année en année, à mesure que dans les forêts épuisées les arbres de futaie atteindront les dimensions utilisables et que les reboisements nouveaux et les plantations d'arbres de haies viendront apporter l'appoint de leurs produits.

Le déficit annuel en bois d'œuvre provenant des forêts proprement dites n'excédera pas 600,000 mètres cubes, ce qui correspond à 10 p. 100 de la production d'avant guerre.

Si nos forêts, principalement celles soumises au régime forestier, ont pu fournir pendant la guerre, d'aussi importantes quantités de bois d'œuvre sans qu'il soit nécessaire pour assurer leur conservation de réduire considérablement le rendement, on le doit à la gestion sage et prudente de l'Administration forestière qui s'est toujours attachée à produire du bois de fortes dimensions et, dans ce but, à augmenter le cube du matériel ligneux, du capital bois. Les propriétaires particuliers suivaient plus ou moins cet exemple, surtout dans leurs futaies résineuses. Ces errements qui ont été critiqués parfois, ont permis de faire face aux besoins insoupçonnés des armées, en bois d'œuvre.

Quelque rassurantes que soient ces constatations, il n'en reste pas moins que, dans les régions libérées et sur certains points où ont été assises des exploitations importantes, il y aura disette locale des bois d'œuvre qui se fera d'autant plus sentir que les transports seront difficiles. Même après le rétablissement du régime normal des transports, l'industrie des bois, dans ces régions, est appelée a subir d'importantes modifications; il est à prévoir que des scieries devront être déplacées pour pouvoir s'alimenter dans des conditions satisfaisantes.

2. —— BOIS DE CHAUFFAGE.

Malgré les exploitations intensives faites pendant la guerre sur certains points voisins des grands centres de consommation, nos ressources en bois de chauffage ne paraissent nullement réduites.

La pénurie de bois de chauffage dont souffre le consommateur est due à la crise des transports et au manque de main-d'œuvre.

3. —— FORÊTS DE L'ALSACE ET DE LA LORRAINE.

Dans ce qui précède, il n'a pas été fait état des forêts d'Alsace et de Lorraine qui, d'après une statistique de 1910, ont une superficie de 444,000 hectares; elles produisaient en 1903, par hectare, 1 m.c. 67 de bois d'œuvre et 1 m.c. 25 de bois de feu, ce qui donne une production annuelle :

Bois d'œuvre : 741,000 mètres cubes.

Bois de feu : 555,000 mètres cubes.

- Mais, en admettant que le capital ligneux n'ait pas été fortement entamé pendant la guerre, on ne peut faire état des bois d'œuvre pour compenser la production française; ils sont absorbés par la consommation de l'Alsace et de la Lorraine et même sont insuffisants pour cette consommation.

VI. — PROGRAMME DES MESURES À PRENDRE
POUR DÉVELOPPER NOS RESSOURCES FORESTIÈRES.

BESOINS D'APRÈS—GUERRE.
MESURES À PRENDRE POUR EN ASSURER LA SATISFACTION.

a. **Bois d'œuvre.**

Comme nous l'avons vu, notre production en bois d'œuvre ne pouvait avant la guerre subvenir qu'à une partie de notre consommation, aux deux tiers de nos besoins. Le déficit constaté va réduire nos ressources; en plus de nos besoins normaux, nous allons avoir à pourvoir à la reconstruction des régions libérées, à la réfection des voies et du matériel de chemins de fer, à la remise en état des mines du Nord, à la reconstitution des stocks commerciaux épuisés.

La consommation supplémentaire annuelle ne paraît pas devoir être inférieure à 5 ou 6 millions de mètres cubes, pendant cinq ou six années. La consommation à prévoir est de 16 à 17 millions et la production de 7 millions de mètres cubes. Cette évaluation, qui a été donnée au Congrès du Génie civil, paraît répondre à des prévisions maxima. Si nos besoins restent inférieurs à ces prévisions, ils n'en seront pas moins très grands et nous ne pourrons nous procurer les bois d'œuvre qui nous seront nécessaires, qu'en nous adressant à nos colonies ou à l'étranger. Encore est-il permis de se demander si l'étranger pourra nous fournir ces bois, pour lesquels nous viendrons en concurrence avec beaucoup d'autres États.

Ayant une production diminuée et des besoins accrus, nous devrons importer des bois d'œuvre en plus grande quantité qu'avant la guerre, et nos importations, déjà si élevées en temps normal, recevront un accroissement considérable. Comment peut-on remédier à cette situation?

Les mesures à prendre dans ce but sont d'ordres divers et leurs effets se feront sentir à des échéances différentes. Nous les indiquerons dans l'ordre de la réalisation des résultats, mais il doit être bien entendu qu'elles doivent être mises à exécution simultanément.

1. — MESURES DONT L'EFFET SE FERA SENTIR DANS UN COURT DÉLAI.

I. *Revision des possibilités.* — Pour remédier dans toute la mesure possible à la diminution de production de bois d'œuvre, surtout pendant la période où elle coïncidera avec une augmentation notable de nos besoins, il convient de tirer de nos forêts le maximum de rendement compatible avec les nécessités culturales et, tout au moins momentanément, de réaliser intégralement la production de nos forêts sans chercher à obtenir des bois de dimensions exceptionnelles.

Dans les futaies à matériel surabondant ou abondant, il conviendra de reviser les possibilités et de tenir compte de l'accroissement dans leur calcul.

Dans les futaies qui ont été l'objet d'exploitations intensives, on devra éviter de sus-

pendre entièrement toutes les exploitations et étudier un règlement permettant, tout en réduisant la possibilité, de continuer, autant que possible, à asseoir des coupes pour la satisfaction des besoins locaux.

Dans les taillis, on devra s'attacher à augmenter le nombre de modernes et des anciens encore susceptibles d'un fort accroissement, plutôt que celui des vieilles écorces dont le taux d'accroissement est très faible.

II. *Utilisation des ressources transitoires.* — C'est pendant la période de reconstitution des stocks commerciaux et de reconstruction des régions dévastées que nos besoins seront le plus grands. Au début, nous n'aurons que la production d'avant-guerre réduite, cependant nous pourrons parer en partie à nos besoins les plus pressants par des ressources transitoires assez importantes.

La récupération des bois abattus par l'ennemi dans les régions libérées et les stocks constitués pour l'approvisionnement des armées fourniront un matériel important qu'il faudra utiliser au plus tôt et qui aidera à attendre la reprise des importations.

Le cube des bois récupérés dans les régions envahies, celui des stocks de bois d'œuvre constitués tant par l'Inspection générale du Service des bois, que par les armées britannique et américaine et celui des arbres à exploiter dans les coupes réquisitionnées ou achetées par l'I. G. B. avant l'armistice, lesquelles ne sont pas comprises dans le recensement de 1918, peuvent être évaluées à 2,300,000 mètres cubes pour les stocks et à 500,000 mètres cubes au moins pour les bois à récupérer.

Le traité de paix prévoit la fourniture par l'Allemagne des bois de construction nécessaires pour la reconstitution des régions libérés, et permet, en outre, d'imposer à l'Allemagne d'autres fournitures imputables sur le montant de l'indemnité due à la France. Ces fournitures permettront d'atténuer la pénurie de bois d'œuvre qui se fera surtout sentir pendant les premières années qui suivront la paix. Leur importance sera toutefois limitée par la capacité des moyens de transport.

III. *Revision des tarifs de transport.* — Pour satisfaire à nos besoins, il est nécessaire que les produits en surabondance dans certaines régions puissent être transportés facilement et sans de trop grands frais dans d'autres où ils font défaut. Pour faciliter cette circulation et mettre le commerce à même de donner la préférence à nos produits sur ceux de l'étranger, il serait utile d'étendre le rayon de diffusion de nos bois en leur assurant, autant que possible, des tarifs de transport modérés et l'unification des tarifs entre les diverses compagnies.

Le bois étant une marchandise encombrante, il serait avantageux de faciliter son transport par eau toutes les fois qu'il serait possible, et d'aménager les ports à cet effet, pour faciliter le chargement et le déchargement des grumes.

IV. *Meilleure utilisation des essences résineuses indigènes.* — Nous sommes menacés, on l'a vu, d'un déficit important sur les bois d'œuvre d'essences résineuses, dont nous devrons nous approvisionner à l'étranger en quantités considérables. Il serait possible de réduire les importations par un emploi judicieux de nos bois indigènes qu'un préjugé injustifié fait généralement considérer comme inférieurs aux bois du Nord.

Ce discrédit immérité tient à une double confusion : on confond sous le même nom des bois très différents, et on ne tient pas compte du fait que les bois de France provenant de régions très diverses au point de vue du climat, ont des qualités variables, tandis que les bois du Nord, qui ont crû sous des climats peu variés, ont une qualité moyenne constante.

L'épicéa du Jura et des Alpes vaut le meilleur épicéa du Nord ou sapin blanc du commerce, et le sapin blanc, provenant du sud de la Suède et des parties moyennes de la Russie, n'est nullement supérieur au sapin de France quel qu'il soit.

Le pin sylvestre de montagne (Pyrénées, Massif Central) est de qualité au moins égale à celle du pin du Nord ou sapin rouge. Le mélèze est supérieur à ce dernier.

D'autre part, les bois de France sont le plus souvent débités sur dosses ou en plots, et ceux du Nord sur quartiers. Ce dernier débit donne des planches résistant mieux à l'usure, au frottement, prenant un retrait uniforme et n'étant pas sujettes à se gercer et à se voiler. Les scieries françaises auraient tout intérêt à adopter ce débit qui est souvent pratiqué pour le chêne.

Il conviendrait de reviser les cahiers des charges des organismes consommateurs pour fournitures de bois, à commencer par ceux des administrations de l'Etat (Guerre, Marine, etc.), de renoncer aux désignations générales de bois du Nord ou bois de France, de préciser les essences, les conditions de qualité des bois à fournir et d'imposer le débit sur quartier. On assurera ainsi une utilisation rationnelle de nos résineux indigènes, qui permettra de demander moins de bois de choix à l'étranger.

2. — MESURES DONT L'EFFET POURRA SE FAIRE SENTIR
DANS UN DÉLAI RELATIVEMENT RAPPROCHÉ.

I. *Mise en valeur des forêts coloniales.* — Nos colonies pourront nous venir en aide et se substituer dans une large mesure aux pays scandinaves qui sont nos principaux fournisseurs. Les renseignements recueillis et publiés pendant la guerre par la mission que dirigeait le commandant Bertin, inspecteur des Eaux et Forêts, établissent que l'Afrique occidentale française renferme des quantités considérables de bois qui répondront fort bien à nos besoins, spécialement à ceux de la menuiserie.

Il importe de mettre en valeur les forêts de cette colonie, d'y organiser l'exploitation, le débit et le transport des bois et leur expédition en France. Notre or pourrait ainsi rester entre les mains de nos nationaux. Un projet de loi a été présenté par le Ministre des Colonies pour la constitution de stocks aux colonies, il conviendrait de le sanctionner au plus tôt et de donner la plus large publicité près du commerce, des architectes et de tous les intéressés, aux résultats des essais techniques effectués ou en cours d'exécution sur les échantillons de bois rapportés par la mission Bertin.

Pour propager l'emploi des bois coloniaux en France, il sera nécessaire de modifier les tarifs de transport de ces bois par chemins de fer. Les bois coloniaux de toute nature sont en effet considérés par les compagnies de chemins de fer comme bois exotiques, c'est-à-dire bois précieux, et soumis à des tarifs supérieurs à ceux grevant les bois communs.

II. *Mise en valeur des forêts de montagne.* — Il conviendra d'étudier au plus tôt, dans les forêts de montagne, la constitution d'exploitations portant sur de grandes surfaces pour permettre l'installation de chantiers importants avec Decauville, câbles, etc., facilitant le transport des bois. On assurera ainsi l'utilisation des bois exploitables, dont le commerce se désintéresse actuellement à cause des frais que nécessitent l'exploitation et le transport, et qui, pour les coupes de moyenne étendue, sont hors de proportion avec la valeur des produits. L'Administration des Eaux et Forêts vient de mettre cette question à l'étude dans les forêts domaniales de la région pyrénéenne.

Il serait nécessaire de poursuivre, principalement dans les forêts de montagne, l'amélioration et le développement des chemins forestiers qui, en facilitant la vidange des bois et en diminuant les frais de transport, auront pour conséquence d'assurer aux produits des forêts de montagne un écoulement plus facile et par suite de favoriser l'approvisionnement du marché.

L'Administration des Eaux et Forêts, qui déjà avant la guerre étudiait les moyens d'activer l'exécution de ces travaux dans les forêts communales, se propose de leur donner une impulsion nouvelle. Elle reprendra le projet de faire avancer par l'État aux communes les sommes nécessaires pour la construction de voies de vidange ou l'installation de moyens de transports aériens, à charge de remboursement de ces avances par prélèvement sur le produit des coupes.

III. *Reconstitution et création de plantations de peupliers.* — La reconstitution des plantations de peupliers dans les vallées où elles ont été détruites et la création de nouvelles plantations de cette essence donneront, dans vingt-cinq ou trente ans, des bois pour la menuiserie, la caisserie, et pour la fabrication des pâtes de cellulose. La consommation de ces pâtes a absorbé, en 1913, un volume de 1,700,000 mètres cubes de bois sur pied, et sa diminution n'est pas à prévoir. La culture du peuplier réserve de superbes profits, en même temps qu'elle contribue à l'assainissement des terrains humides. Il ne faut pas craindre d'introduire le peuplier dans les parties humides des forêts où, mélangé au frêne ou à l'aune, il donne des produits rémunérateurs en peu de temps.

3. — MESURES DONT L'EFFET NE SE FERA SENTIR QU'À LONGUE ÉCHÉANCE.

D'autres mesures ne produiront d'effet qu'à longue échéance; ce sont celles qui ont pour objet l'augmentation de notre production en bois d'œuvre d'essences forestières. Ces bois ne peuvent s'obtenir que dans un délai de soixante, cent, cent vingt ans, suivant les essences.

I. *Reconstitution forestière des régions libérées.* — Avant tout, il faudra s'occuper de la reconstitution des forêts dévastées par la guerre, qui devront être le plus promptement possible mises en état de contribuer à la production nationale.

L'Administration des Eaux et Forêts s'est déjà préoccupée de cette importante question. A la suite d'une entente entre les Ministres des Régions libérées d'une part, et de l'Agriculture d'autre part, cette Administration a été chargée de toutes les études et de tous les travaux concernant la reconstitution, dans les régions victimes de l'invasion, des forêts tant domaniales, que communales et particulières, ainsi que de l'utilisation pour le reboisement des terrains de culture, qu'il serait contraire à l'intérêt économique du pays de remettre dans leur état antérieur. Elle a organisé, dans chaque département des régions libérées, un service spécial de reconstitution forestière qui se tient en contact étroit avec les divers organismes départementaux de reconstitution. Des crédits inscrits au budget exceptionnel du Ministère de l'Agriculture permettront au Service forestier d'effectuer lui-même, d'accord avec les propriétaires, les travaux de restauration dans les forêts communales et particulières, les dépenses étant ensuite remboursées par prélèvement sur les indemnités pour dommages de guerre.

Les travaux auxquels fait ainsi procéder l'Administration des Eaux et Forêts consistent dans le comblement des tranchées, des abris, des trous d'obus ou de mines, dans l'enlèvement des réseaux de fil de fer, dans le recépage des taillis abîmés par la mitraille ou mal exploités, dans le reboisement des terrains forestiers dénudés ou des terrains bouleversés non susceptibles d'autre culture.

En vue des repeuplements à effectuer, le Service forestier s'occupe de récolter et d'acheter des graines, de créer tout le long de l'ancien front de nombreuses pépinières, soit sur des terrains domaniaux, soit sur des terrains loués à cet effet.

Il envisage l'introduction d'essences nouvelles, soit indigènes, soit exotiques, afin de rendre la culture forestière, dans ces régions, aussi intensive que possible.

II. *Reboisement des terrains incultes et improductifs* (*landes, vagues, etc.*), qui occupent encore une surface importante sur notre territoire national.

L'exploitation intensive et très rémunératrice des résineux, la consommation énorme des bois moyens, les besoins en pâte à papier et en bois de mines, inciteront les propriétaires de ces terrains à les mettre en valeur par voie de semis et de plantations d'essences forestières. L'attention des départements, des communes, des collectivités devra être attirée sur cette question, et la constitution de sociétés forestières envisagée.

III. *Allongement des révolutions de taillis* là où la nature des essences et les conditions de végétation le permettront, c'est-à-dire leur exploitation à un âge plus avancé de façon à en retirer des bois d'industrie au lieu de menus bois de feu.

IV. *Maintien sur les taillis d'une réserve* d'arbres de futaie plus nombreux que par le passé.

V. *Conversion en futaie des taillis sous futaie,* partout où ce traitement sera susceptible d'assurer la production des gros bois dans des conditions avantageuses.

VI. *Enrésinement des taillis de faible rendement,* principalement en montagne, c'est-à-dire la substitution aux essences feuillues du sapin, de l'épicéa et des pins, afin de produire du bois d'œuvre au lieu de bois de feu.

VII. *Introduction* et multiplication partout où les conditions du sol et du climat conviennent à leur végétation, des *frênes, ormes, robiniers faux acacias, noyers,* qui donnent des bois recherchés par l'aviation et l'artillerie.

La réalisation des quatre dernières mesures ci-dessus, poursuivies depuis longtemps par l'Administration des Eaux et Forêts dans les bois dont elle a la gestion, devra être accentuée encore, spécialement dans les forêts communales. Ces mesures devront être étendues aux forêts particulières, avec l'aide et les conseils de l'Administration.

VIII. *Plantation des routes et canaux* en peupliers et en essences forestières appropriées : frênes, ormes, érables, platanes, avec aménagement rationnel permettant d'en réaliser régulièrement la production, au mieux des intérêts de la consommation et du Trésor.

IX. *Plantation* dans les terrains convenant à cette culture, de noyers et de châtaigniers qui produisent, outre des bois très recherchés par l'industrie, des fruits qui seront une ressource précieuse pour l'alimentation.

X. *Acquisition des forêts par l'État et les collectivités.* — L'éducation des futaies, la constitution de réserves dans les forêts feuillues exigent la réalisation d'épargnes successives sur les produits des coupes, et sont rarement par suite le fait des propriétaires privés, qui en général ont besoin de leurs revenus; d'ailleurs, le partage est le plus souvent funeste pour les forêts riches en futaie. La production des bois d'œuvre en forte proportion ne peut en général être réalisée que par l'État ou des propriétaires impérissables, départements, communes, établissements publics, sociétés diverses. Il convient, en conséquence, de faciliter l'acquisition de forêts par cette catégorie de propriétaires; l'État acquérant de préférence les forêts appauvries ou ruinées, dont la reconstitution demande un assez long délai, les collectivités acquérant des forêts en rapport.

XI. *Conseils et directives aux propriétaires de forêts.* — L'Administration forestière devra s'efforcer d'éclairer les propriétaires forestiers sur leurs intérêts. La loi du 2 juillet 1913 (loi Audiffred) donne aux propriétaires la faculté de confier à l'Administration forestière la conservation et la régie de leurs bois; il conviendra de leur faciliter le recours à l'Administration, en évitant tout ce qui pourrait froisser leur susceptibilité, et en outre, de donner à ceux qui hésiteraient à recourir aux avantages que leur offre cette loi les conseils et les directives qui leur seraient nécessaires, sans intervenir directement dans l'application.

XII. *Action de propagande et d'enseignement.* — Les Agents des Eaux et Forêts devront devenir les guides, les conseillers, les éducateurs du public en matière forestière, lui apprendre à aimer les forêts, à comprendre leur rôle bienfaisant et l'utilité du reboisement des terrains incultes. — Dans ce but, il conviendra notamment d'organiser des conférences, de favoriser le développement et la constitution de sociétés scolaires forestières et la création de pépinières scolaires.

XIII. *Forêts de protection.* — Il conviendra de prendre des mesures législatives en vue de prévenir les exploitations abusives dans les forêts particulières, qui jouent un rôle important de protection au point de vue du maintien des terres sur les pentes, de la défense contre les érosions du sol et de la régularisation du régime des eaux.

b. **Bois de feu.**

Dans ce qui précède, nous avons eu surtout en vue la production du bois d'œuvre; pour le bois de feu, la production suffira à la consommation, même avec l'augmentation à prévoir par suite de la pénurie du charbon de terre. Les bois de feu étaient délaissés avant la guerre, la charbonnette était souvent considérée comme une charge par les exploitants de forêts. La concurrence faite au bois par la houille, l'élévation des frais d'exploitation et de transport, hors de proportion avec l'avilissement des prix des produits, avaient pour conséquence une réduction des exploitations. Cette marchandise très demandée reprend de la valeur, et les exploitations redeviendront normales.

Toute inquiétude doit être écartée en ce qui concerne la production, mais la question d'exploitation mérite de retenir l'attention. La main-d'œuvre nécessaire pour l'abatage et le façonnage des bois de feu menace de rester insuffisante, malgré l'appel qui pourra être fait aux colonies et à l'étranger. Il conviendra par suite de s'efforcer de substituer au travail de l'homme celui des machines, de développer des procédés d'exploitation mécaniques, d'améliorer l'outillage et les procédés de façonnage et de fabrication. Divers appareils mis à l'essai pendant la guerre ont donné des résultats très appréciables, leur emploi devra être généralisé.

Il faudra aussi faciliter les transports, comme il a été dit plus haut.

En résumé, malgré les dévastations de forêts et les exploitations intensives effectuées sur certains points, notre production ligneuse n'est pas très gravement atteinte.

Nos forêts fourniront, dans leur ensemble, assez de bois de feu pour nos besoins; mais le déficit en bois d'œuvre, qui existait déjà avant la guerre, se fera sentir, surtout au début d'une manière bien plus sensible, en raison de l'accroissement de la consommation plus encore que de la diminution de la production. Afin de réduire au minimum les importations, qui constituent un si lourd fardeau pour notre pays, il importe donc de développer la production des bois d'œuvre, tant par des mesures culturales appropriées que par une extension de la surface boisée, et de faire largement appel aux ressources si précieuses, que nous offrent les forêts de notre domaine colonial.

Paris, le 1ᵉʳ octobre 1919.

Le Conseiller d'État,
Directeur général des Eaux et Forêts,
L. DABAT.

IMPORTATION ET EXPORTATION DE BOIS COMMUNS EN 1913.

DÉSIGNATION DES MARCHANDISES.	IMPORTATIONS.			EXPORTATIONS.			EXCÉDENT DES CUBES EN FORÊT	
	POIDS EN TONNES de 1,000 kilog.	CUBES IMPORTÉS en mètres cubes.	CUBES EN FORÊT CORRESPONDANT à l'importation mètres cubes.	POIDS EN TONNES de 1,000 kilog.	CUBES EXPORTÉS en mètres cubes.	CUBES EN FORÊT CORRESPONDANT à l'exportation mètres cubes.	à L'IMPORTATION en mètres cubes.	à L'EXPORTATION en mètres cubes.
	tonnes.	m. c.	m. c.	tonnes.	m. c.	m. c.	m. c.	m. c.
I. BOIS D'ŒUVRE.								
Bois de chêne. — Ronds bruts	1,530	1,912	1,912	24,703	30,879	30,879	//	28,967
Traverses pour chemins de fer	325	406	451	58,394	47,992	53,271	//	52,820
Équarris ou sciés de plus de 0.08 d'épaisseur	12,616	15,770	26,273	2,807	3,509	5,846	20,427	//
Sciés de moins de 0.08	34,836	43,545	87,090	8,721	10,901	21,802	65,288	//
Merrains	73,136	91,420	182,840	4,143	5,179	10,358	172,482	//
Bois de noyer	13,120	23,429	36,315	7,933	14,166	21,957	14,358	//
Essences diverses. — Bois ronds bruts	71,886	119,810	119,810	173,154	288,590	288,590	//	168,780
Perches et étançons	147,927	246,545	246,545	904,049	1,506,748	1,506,748	//	1,260,203
Traverses pour chemins de fer	18,617	33,849	37,572	25,271	45,947	51,001	//	13,429
Équarris ou sciés de plus de 0.08 d'épaisseur	118,344	215,170	307,693	7,973	14,496	20,729	286,964	//
Sciés de moins de 0.08	1,290,905	2,347,100	3,356,353	48,800	88,727	126,879	3,229,474	//
Merrains	5,821	10,583	21,166	1,799	3,271	6,542	14,624	//
Pavés en bois	17	31	44	1,251	2,274	3,252	//	3,208
Bois en éclisses et bois feuillards	5,087	7,826	11,191	16,942	26,064	37,271	//	26,080
Bois d'essences résineuses en rondins pour fabrication de la cellulose	201,728	336,778	366,778	185	336	336	336,442	//
Paille ou laine de bois	1,610	2,927	4,185	260	473	676	3,509	//
Bois divers	80	145	207	1,599	2,907	4,157	//	3,950
Liège brut, râpé ou en planches	12,318	//	//	12,131	//	//	//	//
Totaux pour les bois d'œuvre	2,009,903	3,527,246	4,806,425	1,280,115	2,092,459	2,190,294	4,175,568	1,557,437
							2,616,131	
II. BOIS À BRÛLER.								
Bûches, fagots et bourrées	19,131	29,432	29,432	60,031	92,855	92,855	//	62,923
III. CHARBON DE BOIS.								
Charbon de bois	3,922	//	30,168	32,564	//	250,492	//	220,324